编 委 会

主任
李纪东

委员（按姓氏笔画排序）
孙众鑫　李纪东　张雨婷　张晓琳
张海军　周文轩　庞少鹏　崔昊翔

内容简介

工作场所有时会存在一些危险,如果不加以防范,会发生事故,对作业人员造成伤害。各岗位的作业人员要了解本岗位易发事故的原因以及防范措施,以确保工作场所安全。

本书最大限度地采用图形、图像和高度概括的表述等手段进行讲述,以取代满篇抽象的文字,集知识性和趣味性于一体,使读者学习起来轻松愉快。

本书未采取同类书传统的写法,生硬地讲述哪些事可以做,哪些事不可以做,而是通过对原理的讲解,让读者自己去领悟正确的做法,做到启发式学习。

工作场所安全

——我有话说

《公共安全——我有话说》编委会 编

中国劳动社会保障出版社

图书在版编目（CIP）数据

工作场所安全：我有话说/《公共安全——我有话说》编委会编. — 北京：中国劳动社会保障出版社，2025. — ISBN 978-7-5167-6472-5

Ⅰ. X92

中国国家版本馆 CIP 数据核字第 2025HK4473 号

工作场所安全——我有话说
GONGZUO CHANGSUO ANQUAN ——WO YOU HUA SHUO

中国劳动社会保障出版社出版发行
（北京市惠新东街1号 邮政编码：100029）

*

北京市艺辉印刷有限公司印刷装订　　新华书店经销
880毫米×1230毫米　64开本　2.5印张　31千字
2025年5月第1版　2025年5月第1次印刷
定价：20.00元
营销中心电话：400-606-6496
出版社网址：https://www.class.com.cn

版权专有　　侵权必究

如有印装差错，请与本社联系调换：（010）81211666
我社将与版权执法机关配合，大力打击盗印、销售和使用盗版图书活动，敬请广大读者协助举报，经查实将给予举报者奖励。
举报电话：（010）64954652

作者的话

安全生产是企业稳定运营的基石。任何一起生产安全事故都可能给企业带来不可估量的损失,包括人员伤亡、财产损失、生产中断等。这些损失不仅会影响企业的正常运营,而且还会损害企业的声誉和形象,导致客户流失、合作伙伴产生疑虑等连锁反应。因此,安全生产是确保企业持续、稳定发展的基础。

实现安全生产,企业除了要主动创造一种安全、健康的工作环境外,还要对员工进行安全教育,让员工系统地掌握安全生产基本知识,从而逐渐提高安全意识,将安全理念内化于心、外化于行,做到"随心所欲而不逾矩"。普通的企业以惩罚约束人，优秀的企业以制度管理人，顶级的企业以文化鼓舞人。本书以传播先进的安全文化为理念进行编写，系统、真实地阐述企业员工在工作场所可能遇到的各种危险情况以及正确的处理方法，旨在为企业提供一种向员工普及安全文化的培训用书。本书内容不仅包括技术、管理方面的知识，还涉及心理方面的知识，从而使员工逐渐转变思想观念，由要我安全，到我要安全、我会安全，实现真正的安全生产。

每一名员工都是一个家庭的支柱，工作中的人身安全牵动着家人敏感的神经，只有工作场所实现安全生产，家人才能放心地让员工去工作；每一名员工都是企业财富的创造者，员工的安全是企业最在意的事。因此，如果家人在送员工上班时、企业在新员工上岗前，送给他一本《工作场所安全——我有话说》，那么一定能够提高员工的安全生产意识和技术水平，养成一种安全生产的作业习惯。

目录

工作场所安全概论 /1

事故致因理论 /13

安全心理 /33

安全色与安全标志 /45

安全管理制度 /57

劳动防护用品 /73

消防安全 /91

用电安全 /113

机械作业安全 /121

有限空间作业安全 /125

高处作业安全 /131

环境安全 /135

仓储安全 /145

作者寄语 /152

工作场所安全概论

工作场所往往是各种能量集中的地方,包括电能、机械能、化学能、热能、重力势能等。能量的意外释放可能造成事故,严重时还会造成财产损失和人员伤亡。

电能意外释放

电能意外释放会发生触电或火灾事故。

触电：人体意外触及带电物体或金属裸露的电线，会发生触电事故。

火灾：电气线路短路或电器损坏，产生的火花会引发火灾。

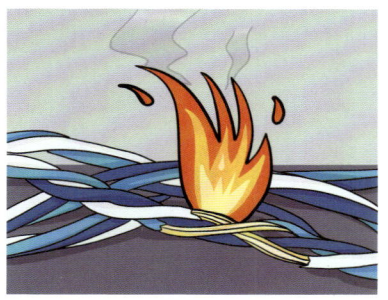

机械能意外释放

机械能意外释放会造成物体打击伤、切伤、压伤、绞伤等机械伤害事故。运转的机器具有机械能,如果不慎与其运转的部位接触,会发生机械伤害事故。

化学能意外释放

有些危险化学品（如氢气、汽油、火药等）具有火灾、爆炸危险性，如果储存或使用不当，会造成火灾、爆炸事故。

有些危险化学品（如强酸、纯碱等）具有烧伤、腐蚀危险性，如果储存或使用不当，会造成烧伤、腐蚀等事故。

有些危险化学品（如煤气、甲醇等）具有毒性，如果储存或使用不当，可致人中毒甚至死亡。

热能意外释放

很多机械加工都涉及高温作业,如冶炼、铸造、锻造、焊接等,容易发生烧伤、烫伤事故。

很多工作场所通有蒸汽,一旦发生泄漏,就会造成烫伤。

有些化学反应是放热反应,一旦发生事故,就会造成烫伤。例如,生石灰与水反应放出大量的热,能够致人烫伤。

重力势能意外释放

高处作业时，人具有重力势能，若从高处坠落，极有可能导致人员伤亡。

处在高处的物体具有重力势能，一旦掉落下来，可能砸中下面的人，造成物体打击事故。

避免事故发生

要避免事故的发生，或者在事故已经发生时减小其造成的财产损失和人身伤害，就要掌握一定的知识，遵守一定的纪律，服从一定的管理。安全科学与工程是一门非常重要的学科，它就是研究如何避免事故发生的。

 # 事故可以避免的观点

一种观点认为,事故是有规律的,规律是可以认识的,认识后是可以避免事故发生的。这是一种积极的观点。

事故可以避免的观点给人一种信心,使人能够完全信任作业环境的安全,但也容易使人放松警惕,产生麻痹大意的思想,造成意外事故的发生。

 **事故不可避免的观点**

另一种观点认为,事故是不可避免的,如果以足够长的时间来观察,事故迟早会发生。但是,通过人们的努力,事故发生的时间是可以无限延后的。这是一种消极的观点。

事故不可避免的观点让人感到有些悲观,但同时能让人时刻保持清醒的头脑,提高警惕,采取预防措施,尽量延后事故发生的时间。

无论是事故可以避免的观点还是事故不可避免的观点,出发点和落脚点都是一样的,即积极采取措施,阻止或尽量延迟事故的发生,营造一个安全的作业环境,确保人员平安和财产不受损失。

思考

你所在的工作场所主要存在哪种能量?

你所在的工作场所能量意外释放时,可能发生哪种事故?

你所在的生产经营单位是否发生过生产安全事故?

事故致因理论

按照事故致因理论，人的不安全行为、物的不安全状态和管理缺陷是事故发生的原因，这3个因素同时存在，极有可能造成事故。因此，要实现安全生产、避免事故的发生，就要从这3个方面入手进行研究。

人的不安全行为

人的不安全行为是指作业人员表现出来的、容易引发生产安全事故的非正常行为。例如，作业人员在操作过程中违反劳动纪律、操作规程等行为，是非常危险的。

 **常见的人的不安全行为**

人的不安全行为常表现在工作时不专注、操作失误、擅自拆除防护装置、擅自进入危险场所、放弃使用劳动防护用品、衣着随意、对易燃易爆等危险化学品处置不当、进行机器维修保养时不停机等方面。

物的不安全状态

物的不安全状态是指生产过程中的机器设备、物料、生产对象等要素不合格或者处于不合理状态，可能引发生产安全事故。

常见的物的不安全状态

物的不安全状态常表现在设备本身设计不合理、设备出现故障没有得到及时维修且仍然运行、设备超负荷运行、设备维护保养不及时、安全防护装置被破坏、作业环境不符合要求、灯光亮度不够、环境温度和湿度不合适、交通路线设置不合理、生产工序不合理等方面。

管理缺陷

健全、合理的管理制度，能让员工在生产过程中的每一个环节都有据可依，为员工创造一个安全的操作环境。如果管理存在缺陷，不但会影响生产效率，还会引发意外事故，给企业造成财产损失，给员工的生命安全带来严重威胁。

 **常见的管理缺陷**

常见的管理缺陷有:安全教育培训不到位;须严格审批的走形式;须设监护岗的不设;须多人协同作业的工作让一个人干;须严禁烟火的地方没人管;须配发劳动防护用品的不配发;须定期更换、维护、保养的设备不及时处理;只要效益,不管安全;超负荷生产;操作规程不健全,员工想怎么干就怎么干。

事故的发生

就像多米诺骨牌游戏一样,只有代表事故发生因素的骨牌全部倒下,才能将"事故"之牌打倒,即发生事故。在生产中"人的不安全行为""物的不安全状态""管理缺陷"这3个因素同时存在,极有可能造成事故。

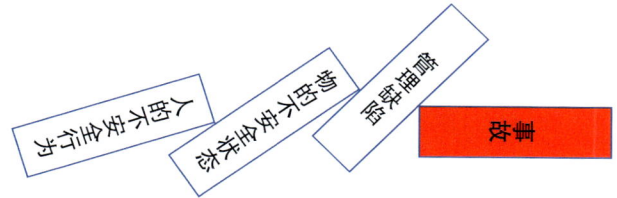

安全隐患

如果代表"人的不安全行为""物的不安全状态""管理缺陷"的骨牌只有一个或两个倒下，却没有导致事故的发生，即在生产中3种危险状况只要有一种或两种存在，就称为安全隐患。

安全隐患可以理解为可能发生但还没有发生的事故，同样是很危险的，我们应该积极采取措施，避免这种情况的发生。

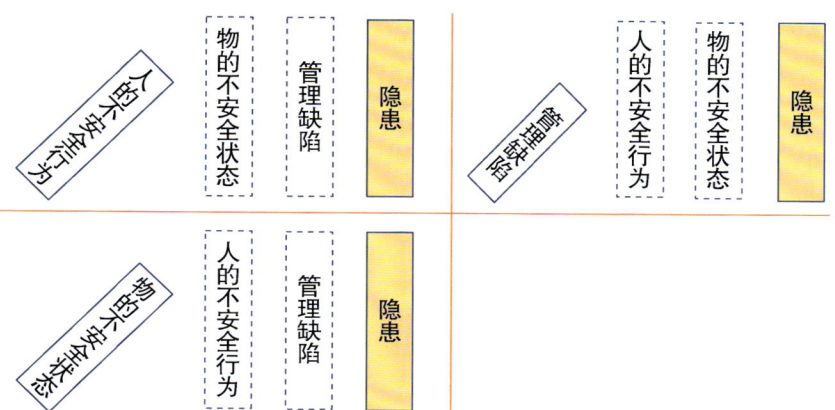

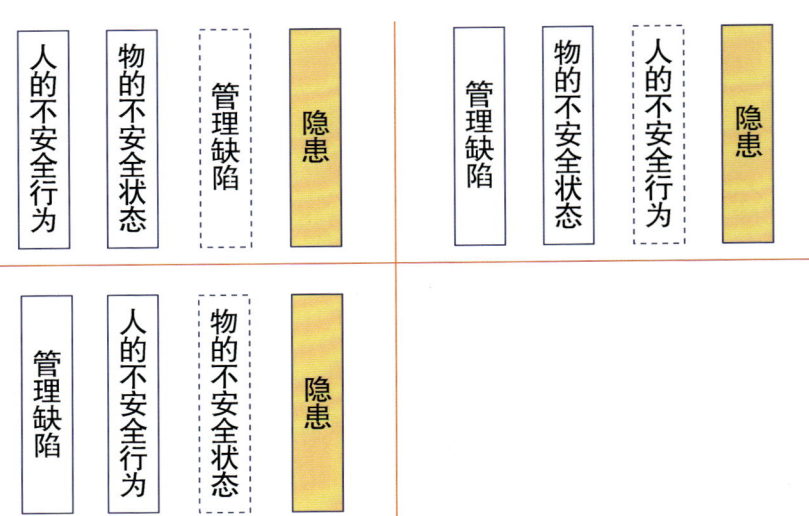

如果完全消除3种危险状况，事故就不会发生，我们所处的作业环境即为安全的，这是所有生产经营单位追求的理想状态。

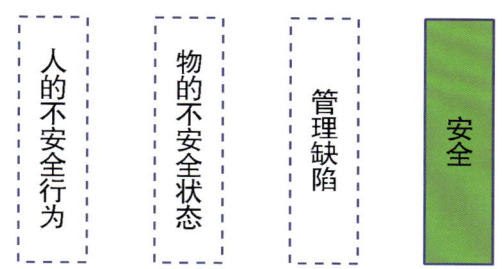

本质安全

本质安全是指通过设计等手段使生产设备或生产系统本身具有安全属性，即使在误操作或发生故障的情况下也不会造成事故的功能。

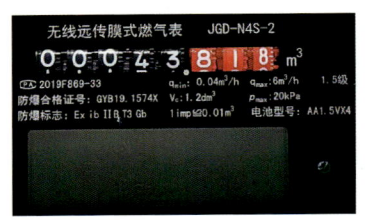

例如，燃气表是本质安全设备，它将电阻和电容器浇封为一体，即使发生故障，也不会有火花出现，这样可以避免将泄漏的燃气点燃而发生事故。

海因里希法则

统计发现,在生产过程中每330起意外事件,有300起未导致人员伤害、29起造成人员轻伤、1起导致人员重伤或死亡。

意义:要防止重大事故的发生必须减少和消除未导致人员伤害的事件,要重视事故的苗头和未遂事故,否则会酿成大祸。

即使发生未导致人员伤害的事件,也暴露出环境中存在薄弱环节,要悉心加以整顿,找出发生事故的原因并采取措施,本着"四不放过"的原则进行处理:事故原因未查清不放过,责任人员未处理不放过,有关人员未受到教育不放过,整改措施未落实不放过。

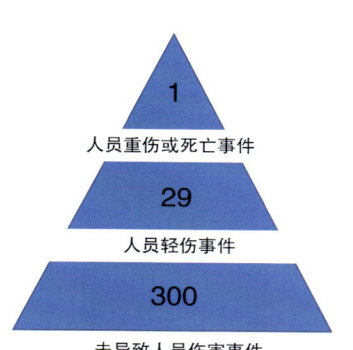

四不伤害原则

人是避免事故发生的最主要因素，因此，要积极学习安全生产知识，遵守生产纪律，积极进行预防，做到不伤害自己、不伤害他人、不被他人伤害、保护他人不受伤害，即"四不伤害"原则。

不伤害自己

安全生产领域有一句俗语:"出事不出事,自己管一半",也就是说,自己掌握正确的操作方法,进行规范操作,就不会由自身原因引发事故。如果能够加强防范,也不会让别人引发的事故伤害到自己,甚至可以做到"出事不出事,自己说了算"。这就要求做到遵守操作规程、使用必要的劳动防护用品、不违章作业、发现隐患要尽快消除、遇到安全标志提示信息要遵照执行等,真正做到在生产中不要伤害自己。

不伤害他人

在生产活动中,不能只顾自己,仅做到不伤害自己,而是要兼顾他人,不能因为自己的操作伤害到他人。

1. 在操作中遇到问题要及时处理,不制造安全隐患。

2. 涉及多人交叉作业或协同作业时,要多沟通,对于不熟悉的作业、设备、环境,要多听、多看、多问,完全弄懂后再操作。

3. 操作设备,尤其是在启动、维修、清洁、保养时,要确保他人不在受影响的区域。

不被他人伤害

在工作场所要随时留意周围的环境，不要在有潜在危险的环境中逗留，一旦发现危险要冷静、快速地离开。例如，不要在天车经过的地方行走；远离运转的设备；路过焊接地点时，不要直视焊接处，以免光线刺伤眼睛等。

思考

你所在的工作场所是否有安全隐患？如果有安全隐患，主要是什么原因造成的？

你在工作场所中作业时能不能做到"四不伤害"？

如果事故的发生主要是由"人的不安全行为"造成的,那么造成事故的人一定存在不健康的安全心理状态。一般来说,不健康的安全心理包括侥幸心理、冒险心理、逞能心理、麻痹心理、不佳情绪、盲从心理、服从心理、好奇心理等。

侥幸心理

明知违章作业会有风险，会违反规定，但出于省时、省力等原因，还是决定这样干，认为小心一点儿应该不会出事。但事故往往就是在这种心理的支配下发生的，让人追悔莫及。

冒险心理

出于某种原因耽误了进度或造成了损失，随即铤而走险采取非常规的操作方法，试图追回进度或挽回损失，冒险蛮干，忽视操作规程，这样离危险只会越来越近。

逞能心理

认为自己的能力比别人强，别人干不了的事情自己能干，别人不敢干的事情自己敢干，看别人中规中矩地干觉得很"愚蠢"，总是想办法偷懒或走捷径，这样最容易发生事故。

麻痹心理

对长时间中规中矩地干活感到厌烦，总觉得这么做根本就是"多此一举"，放松一点儿也不会出事，久而久之，越来越放松警惕，稍有不慎就会酿成事故。

不佳情绪

遇到烦心事、没有休息好时使人产生不佳情绪,将这种情绪带到工作中会使人精神疲劳,观察力、注意力下降,容易发生误操作、高处坠落等事故。

盲从心理

看到别人违反生产纪律操作没有出事,便认为这样干是没事的,不假思索地模仿起来,甚至认为就应该这样干,久而久之,把违规操作变成了习惯,离出事就不远了。

操作时切记不要盲从,违章的事绝对不能干。

服从心理

有的人出于害怕领导打击报复或害怕被扣薪、降职,对领导的指挥言听计从,无论指挥是否合理、安全,甚至对于违章、冒险的指挥也不折不扣地执行,这样容易引发事故。

《中华人民共和国安全生产法》第五十四条规定,从业人员有权拒绝违章指挥和强令冒险作业,生产经营单位不得因从业人员拒绝违章指挥和强令冒险作业而降低其工资、福利等待遇或者解除与其订立的劳动合同。

好奇心理

刚入职的年轻人有时会对他人操作的设备感兴趣，总想找机会尝试一下，甚至趁他人不在岗时偷偷地进行操作，由于不能完全掌握操作规程，容易引发事故。

作业人员对自己操作的设备负有管理责任，不能允许没有操作权的人员操作自己的设备，也不能随意操作别人的设备，否则，出了事故要负相应的责任，损坏机器设备也要赔偿损失。

克服不正确心理状态的方法

通过认真学习，彻底理解操作规程的意义，克服"无知者无畏"的思想。最大的危险是身处危险之中而不自知。

在作业时要做到遵守工作规范和规章制度。须知，不遵守工作规范和规章制度最有可能带来血的教训。

按照调度流程、节奏工作，不急不躁，不要随意打乱工作安排。

安排好作业和休息时间，不要疲劳作业，不酒后作业。遇到不顺心的事和有不好的情绪时要和领导沟通，暂时换个作业岗位，必要时请假休息。

思考

你是否有不健康的安全心理状态?

假如你在某个时刻具有某种不健康的心理,你能够正确克服吗?

安全色与安全标志

工作场所常用不同颜色及图案组成的标志向人们传递安全信息,作业人员要能熟练读懂这些安全信息并遵照执行,否则容易造成事故。

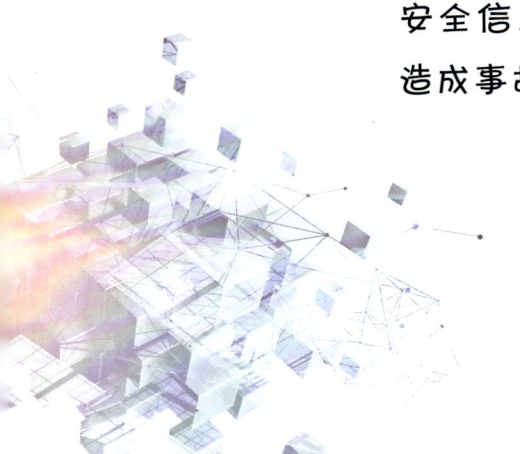

安全色

颜色	示意	表示的意义
红色		禁止、停止
蓝色		指令、必须遵守
黄色		警告、注意
绿色		安全状态、通行

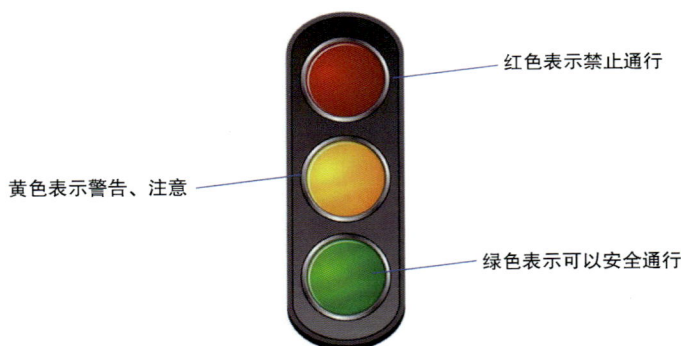

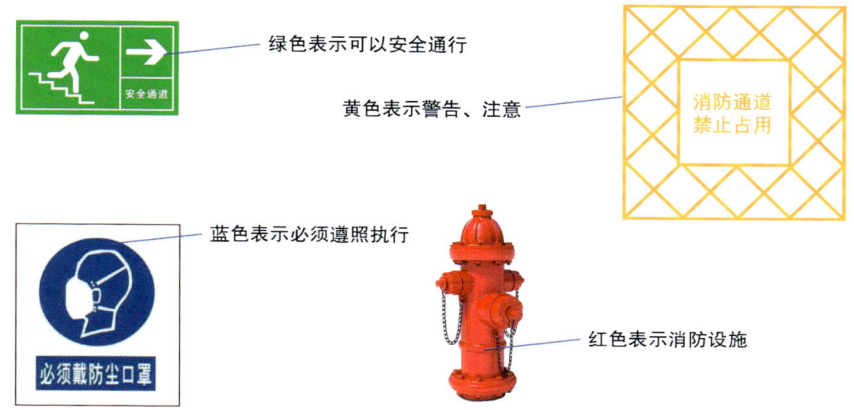

安全标志

安全标志是用以表达特定安全信息的标志,由图形符号、安全色、几何形状(边框)或文字构成。

安全标志是向人们警示工作场所或周围环境的危险状况,指导人们采取合理行为的标志。安全标志能够提醒人们预防危险,从而避免事故的发生;当危险发生时,能够指示人们尽快撤离,或者指示人们采取正确、有效的措施,对危害加以遏制。

安全标志分为禁止标志、警告标志、指令标志、提示标志4类。

禁止标志的含义是不准或制止人们的某些行为。看到禁止标志时，一定不能有禁止内容的行为，否则会引发非常严重的事故。

警告标志的含义是警告人们可能发生的危险。看到警告标志时，说明周围有危险，一定要加以注意，稍有不慎，可能会引发严重事故。

指令标志的含义是必须遵守。看到指令标志时，一定要按照指令标志所提示的内容进行操作，否则可能会引发事故。

提示标志的含义是示意目标的方向。看到提示标志时，按照提示标志的内容进行操作，可以避免危险。

禁止标志

 禁止烟火  禁止带火种  禁止用水灭火  禁止放置易燃物  禁止吸烟  禁止入内  禁止转动  禁止触摸

 禁止跨越 禁止攀登  禁止跳下 禁止停留 禁止堆放  禁止抛物  禁止通行  禁止靠近

 禁止乘人 禁止饮用 禁止穿带化纤服装 禁止穿带钉鞋 禁止戴手套 禁止启动  禁止合闸

警告标志

注意安全	当心火灾	当心爆炸	当心触电	当心电缆	当心机械伤人	当心伤手	当心扎脚

当心吊物	当心障碍物	当心坠落	当心落物	当心坑洞	当心烫伤	当心弧光	当心滑倒

当心塌方	当心冒顶	当心碰头	当心电离辐射	当心裂变物质	当心火车	当心激光	当心微波
当心车辆	当心腐蚀	当心感染	当心中毒				

 指令标志

 必须戴安全帽
 必须穿防护服
 必须戴护耳器
 必须戴防护帽
 必须穿防护鞋
 必须戴防尘口罩

 必须系安全带
 必须加锁
 必须穿救生衣
 必须戴防护手套
 必须戴防毒面具
 必须戴防护眼镜

提示标志

思考

你是否能够完全理解工作场所安全色所代表的含义?

你是否能够完全了解工作场所安全标志的意义?

安全管理制度

没有规矩不成方圆，生产经营单位的生产活动是靠严明的纪律得以进行的，否则，混乱的操作流程会导致产品质量下降，甚至造成事故。生产纪律是通过安全生产管理制度来体现的。

生产经营单位应当本着"安全第一、预防为主、综合治理"的方针，制定科学、合理的制度，员工应当不折不扣地执行这些制度，才能够营造一种安全、舒适的工作环境。如果违反这些制度引发事故，是要承担责任的，后果严重时还要承担刑事责任。

生产经营单位安全生产管理制度

生产经营单位安全生产管理制度一般包括以下内容：

1. 员工岗位教育制度
2. 特种作业制度
3. 特种设备作业制度
4. 消防安全制度
5. 劳动防护用品领用和使用制度
6. 高处作业制度
7. 有限空间作业制度
8. 工具、设备使用保管制度
9. 仓储作业制度
10. 机器设备检维修作业制度
11. 安全操作规程
12. 交接班制度

1. 员工岗位教育制度

新进入企业的员工要通过厂级、车间级、班组级三级安全教育培训并经考试合格，才能正式上岗作业。

员工走上新的工作岗位应当接受该岗位相应的安全生产教育培训，没有经过教育培训的员工不得擅自进行作业，以免操作不当造成生产安全事故。

2. 特种作业制度

从事电工作业、焊接与热切割作业、高处作业、制冷与空调作业、煤矿安全作业、金属非金属矿山安全作业、石油天然气安全作业、冶金（有色）生产安全作业、危险化学品安全作业、烟花爆竹安全作业等特种作业人员，还要经过全国统一进行的特种作业培训考核，取得相应的特种作业操作证，才能上岗作业。

3. 特种设备作业制度

从事锅炉、压力容器(含气瓶)、压力管道、电梯、起重机械、客运索道、大型游乐设施、场(厂)内专用机动车辆等相关作业人员,应当经过全国统一进行的特种设备作业培训考核,取得相应的特种设备安全管理和作业人员证,才能上岗作业。

4. 消防安全制度

员工要严格执行生产经营单位消防安全制度,不在工作场所吸烟,不在工作场所给动力电池充电。按照消防安全要求进行操作,下班后关闭电源,在非动火区动用明火要办理动火作业许可证,并按要求进行操作。

员工要掌握消防安全知识,会使用灭火器进行灭火,会进行火灾报警,火灾严重无法扑灭时能够选择正确的路线撤离。

5. 劳动防护用品领用和使用制度

员工应当按照生产经营单位的要求领用与岗位相适合的劳动防护用品，在作业时按要求佩戴使用。要爱惜劳动防护用品，使用后应对劳动防护用品进行正确的保养，确保劳动防护用品处于有效状态。

6. 高处作业制度

在距坠落高度基准面 2 米及以上有可能坠落的位置进行的作业，称为高处作业。

从事高处作业的员工须经高处作业审批程序审批后方可进行高处作业。高处作业时，要严格按要求进行操作，以免发生事故。

7. 有限空间作业制度

在罐中、井中等密闭和半密闭的场所作业，称为有限空间作业。有限空间作业时，空间受限、通风换气不畅，极易发生事故，要特别小心。

从事有限空间作业的员工须经有限空间作业审批程序审批后方可进行有限空间作业。在有限空间作业时，要严格按要求进行操作，以免发生事故。

8. 工具、设备使用保管制度

员工要对自己使用的工具、设备进行管理，不得损坏、丢失，禁止无关人员动用自己的工具、设备。要对工具、设备进行必要的维护保养，工具损坏、设备出现故障时，要请专业人员维修，禁止擅自维修。

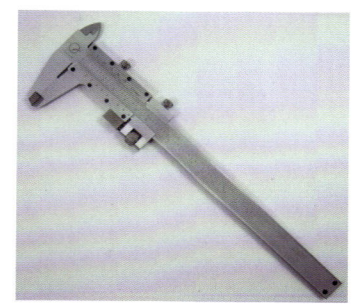

9. 仓储作业制度

要严格执行生产经营单位仓储作业制度，确保物料进库、出库数量一致，防止储存的物品丢失，严格采取防火、防盗措施，确保堆层高度符合生产经营单位规定要求，以免发生事故。

10. 机器设备检维修作业制度

机器设备进行检维修时,要严格执行检维修作业制度,报请上级审批后统一停止生产,配合检维修人员进行必要的操作。检维修结束后,要依据程序要求进行试车、开车作业。

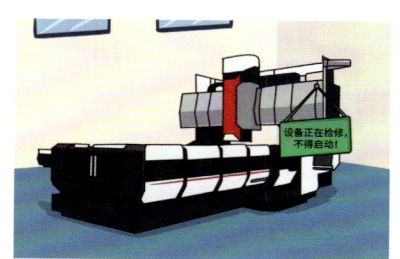

11. 安全操作规程

电焊工安全操作规程

1. 作业前，焊工必须穿戴好各种必备的劳动防护用品，以防烫伤、强光、触电等事故。
2. 施焊前应检查工作场所周围10米以内是否有易燃易爆物品，电焊机导线绝缘是否良好等，防止触电、失火、爆炸等事故。
3. 电焊机上不准放导电物品。开启电焊机时，要迅速将闸刀推至正确位置（铁壳开关必须用左手合闸），待运转正常后方可作业。离开操作场地应关闭电焊机电源。
4. 在四周有人的地方操作，应设置防光屏，防止弧光伤眼。
5. 在容器内焊接，要使用绝缘垫板及安全电压的照明、鼓风或抽风设施，并需有人在外监护。
6. 严禁焊接密闭及带有压力和可燃气体、可燃液体的容器。必要时，应留有出气口，并将容器清除干净才能操作。
7. 高处焊接，必须站稳后才可操作。
8. 移动电线时，要防止割坏、碰坏。电线穿过通道，应在线上加保护物。电焊机移动时应先切断电源。

安全操作规程是生产经营单位为保障生产、作业能够安全、稳定、有效进行而制定，相关人员在操作设备或办理业务时必须遵循的程序或步骤。作业人员必须按照安全操作规程进行操作。

12. 交接班制度

有些需要轮班的岗位,前班与后班人员之间需要就工作情况、物品等进行交接。上下班交接和交接班记录的传递,能起到沟通信息、发现问题和协调配合的作用。在设备、装置的使用或维护中,交接工作是一个重要环节,决不能轻视。高危行业交接班制度事关每位员工的生命安全,容不得一丝懈怠。

交接班工作需要交接的内容

1. 交生产进度完成情况。
2. 交设备运行情况。交当班期间设备开停时间和停机原因。若遇设备故障，则必须说明故障发生的时间、原因、处理情况、遗留问题以及其他注意事项。
3. 交安全。交当班安全（包括人身安全）、环保等情况，隐患排查及已采取的预防措施和事故（包括事故隐患）处理情况。
4. 交公用工器具是否齐全、完好。
5. 交工艺指标过程控制情况。交重要的数据、重要的工艺指标执行控制经验和注意事项，以及为下一班所做的准备工作。
6. 交台账记录。原始记录要正确、清楚、完整。

劳动防护用品

职业活动中有一些不可避免的因素会对人体造成直接或间接的伤害，称为危险有害因素。为了避免受到伤害，企业通常会为员工配发劳动防护用品。人们在职业活动中一定要正确使用劳动防护用品，以保护自己不受危险有害因素的伤害。

危险有害因素

工作场所存在的危险有害因素都是潜在的安全隐患，容易使作业人员受到直接伤害或导致其患职业病。作业人员要充分重视这些因素，主动采取措施进行防护，避免或减轻这些因素给自己带来的伤害。

工作场所存在危险有害因素，作业人员要定期进行体检，如果发现患有职业病，要申请调离岗位，还可以依照工伤保险相关法律法规进行工伤认定，申请工伤保险待遇。

 # 职业性危险因素

可以使作业人员受到直接伤害的因素属于职业性危险因素,主要包括物体打击、机械伤害、触电、灼烫、烧伤、高处坠落以及其他伤害。

职业性有害因素

可以导致作业人员患职业病的因素属于职业性有害因素,主要包括生产性粉尘、毒物、噪声和振动、高温、低温、辐射和其他有害因素。工作场所存在职业性有害因素容易使作业人员患上职业病,例如,尘肺病、中暑、噪声聋等。

劳动防护用品的使用

工作场所存在危险有害因素并不可怕，可怕的是作业人员对这些因素认识不足，没有积极采取措施进行防护，最终导致职业性伤害和职业病的发生。使用合适的劳动防护用品，职业性伤害和职业病是可以预防的。

 # 常用劳动防护用品

一般根据所防护的人体器官或部位,劳动防护用品分为以下8类:
1. 头部防护,如安全帽、防静电工作帽等。
2. 呼吸防护,如防毒口罩、防尘口罩、滤毒护具等。
3. 防护服装,如防静电服、耐酸碱服、阻燃服、防寒服等。
4. 听力防护,如耳塞、耳罩等。
5. 眼面防护,如防护眼镜、焊接护目镜及面罩、炉窑护目镜及面罩等。
6. 手部防护,如绝缘手套、防酸碱手套、防寒手套等。
7. 足部防护,如绝缘鞋、防酸碱鞋、防寒鞋、防砸鞋等。
8. 坠落防护,如安全带、安全绳等。

防护服装

一般来说,生产经营单位会为作业人员配备统一形式的防护服,一是为提高人员身份的辨识度,二是防护作业场所的脏污。生产经营单位会为从事特殊作业的人员配备特殊的防护服装,例如,防静电服、隔热服、焊接服、化学防护服等。作业人员要按照要求穿好工作服装后再进入作业岗位,千万不要忽视防护服装的重要性。

安全帽

佩戴安全帽可以防止头部受到物体打击,在有物体坠落或有磕碰头部危险的场所作业,一定要佩戴安全帽。在井下作业、建筑施工现场作业必须佩戴安全帽。

工作帽

有些岗位虽然没有物体打击或磕碰头部的危险，但是出于卫生和保护头发的目的，需要为员工配备工作帽。例如，医生、厨师等岗位需要将头发用工作帽罩住；操作转动机器时需要将头发用工作帽罩住，以防长发被转动的机器绞住而引发危险。

手部防护

绝缘手套可以保护作业人员接触带电物体时不会触电。焊工防护手套可以保护焊工手部不被烧伤。

防热伤害手套、防寒手套可以保护作业人员不会烧伤手或冻伤手。

机械伤害防护手套可以防止作业人员手部被割伤。

值得注意的是,操作转动的机器禁止戴手套,以防转动的机器绞住手套,把手绞入机器造成伤害。

足部防护

安全鞋可以保护足部，以免足部受到物体打击时造成伤害。

防化学品鞋可以防止有毒、腐蚀性化学品伤害到足部。

坠落防护

安全带可以防止人在高处作业时意外坠落受伤。需要注意的是，安全带要系挂在固定构件上，且不可低挂高用。

呼吸防护

在有毒气体存在的地方或空气稀薄的地方作业，需要佩戴呼吸器，以维持正常的呼吸，以免受到伤害。

过滤式呼吸器是利用滤毒罐将周围的空气过滤后供使用者呼吸，不能用于空气稀薄的环境。另外，滤毒罐要与使用环境的气体相匹配，否则起不到滤毒的作用。

供气式呼吸器自带供使用者呼吸的气体，可用于任何场合。

防护口罩

在粉尘环境中作业时,要佩戴符合要求的防护口罩,以防粉尘随呼吸进入肺部而引发尘肺病。

在有传染性病毒环境中作业时,佩戴符合要求的防护口罩还可以防止病毒通过口鼻传染。

眼面防护

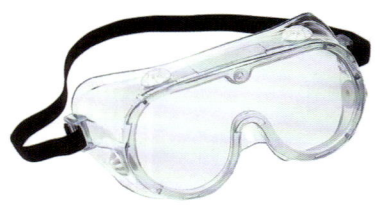

在操作砂轮机等有固体碎屑飞出的工作场所作业,要佩戴防护眼镜,以防飞出的固体碎屑伤到眼睛。

听力防护

如果作业环境噪声过大，需要佩戴耳罩，以保护听力，避免造成职业性耳聋。

思考

你所在的单位是否配备了合格的劳动防护用品?

你在作业中是否会正确使用劳动防护用品?

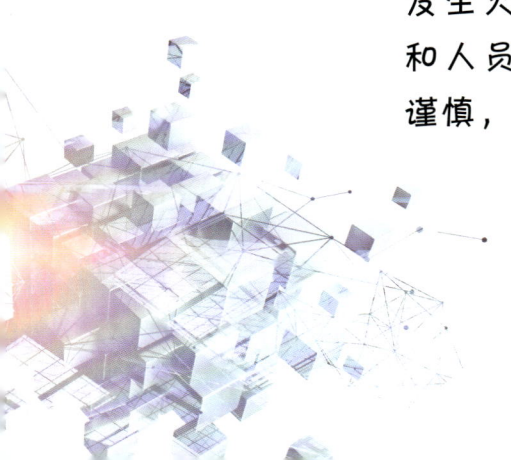

工作场所一般会有许多易燃易爆物品,还有各种各样的点火源,极容易引发火灾事故。一旦发生火灾事故,会造成财产损失和人员伤亡。因此,一定要小心谨慎,避免火灾事故的发生。

火的发生

火的发生需要3个条件同时存在：可燃物、氧气（应为助燃物，本书为追求简洁、易懂，均称为氧气）和火源，缺一不可。

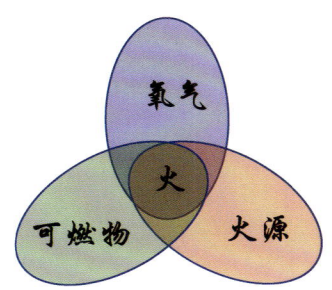

举例：

火的种类	氧气来源	可燃物	火源
打火机点火	空气	丁烷气	电火花
内燃机汽车发动	空气	汽油或柴油	火花塞火花
燃气灶点火	空气	煤气或液化石油气	电池产生的火花
纸张被烟头点燃	空气	纸张	烟头

火离开氧气不能燃烧，我们生活的空间氧气几乎无处不在，空气中即包含氧气，每100毫升空气中含有约21毫升的氧气。

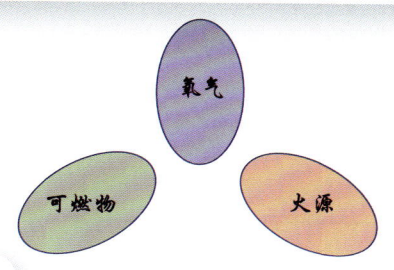

一切能燃烧的物质都是可燃物，如液化石油气、天然气、木材、煤炭、汽油等。

一切能使物体燃烧起来的高温物体都是火源，如烟头、火花、火焰、炽热物体等。

灭火原理

去掉着火 3 个条件中的任何一个条件,或中断燃烧化学反应链,火即可熄灭。

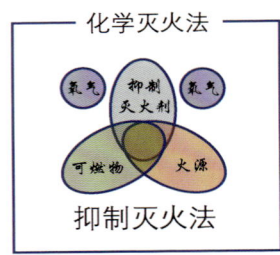

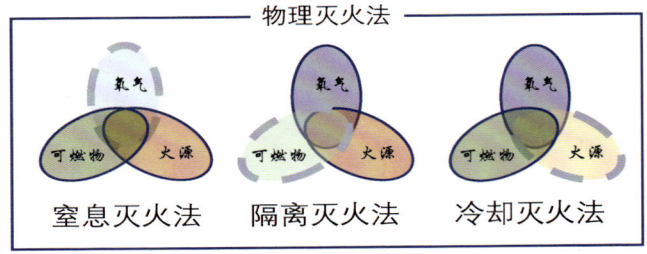

窒息灭火法

阻止空气流入燃烧区域或用不燃物质冲淡空气,使燃烧物得不到足够的氧气而熄灭。

1. 用沙土、水泥、湿麻袋、湿棉被等不燃或难燃物质覆盖燃烧物。
2. 用氮气、二氧化碳等惰性气体灌注发生火灾的容器、设备。
3. 密闭起火建筑、设备和孔洞。
4. 把不燃气体或不燃液体(如二氧化碳、氮气、四氯化碳等)喷洒到燃烧区域内或燃烧物上。

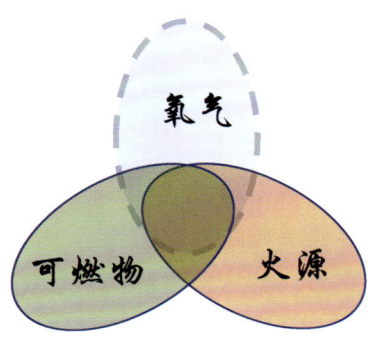

隔离灭火法

将火源处或其周围的可燃物隔离或移开,燃烧会因缺少可燃物而停止。具体方法有:

1. 把火源附近的可燃、易燃、易爆物品移走。

2. 关闭可燃气体、液体管道的阀门,减少和阻止可燃物进入燃烧区域。

3. 设法阻拦流散的易燃、可燃液体,避免因流淌而扩大火灾范围。

4. 拆除与火源相毗连的易燃建筑物,形成防止火势蔓延的空间地带。

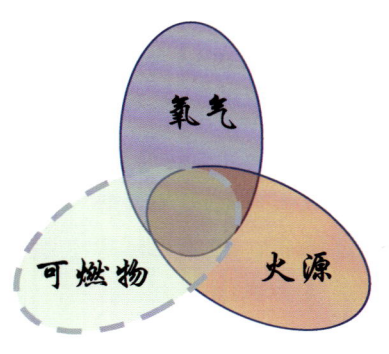

冷却灭火法

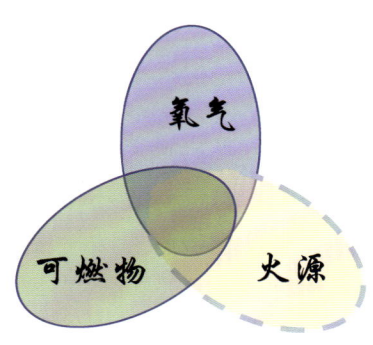

将灭火剂直接喷射到燃烧物上，以增加燃烧物的散热量，把燃烧物的温度降至燃点以下，使燃烧停止；或者将灭火剂喷洒在火源附近的物体上，使物体不受火焰辐射热的影响，避免形成新的着火点。冷却灭火法是灭火的一种主要方法，常用水或干冰作灭火剂冷却降温灭火。

抑制灭火法

抑制灭火法也叫化学中断灭火法，是将抑制灭火剂喷射到火焰中，抑制灭火剂代替氧气参与燃烧反应，燃烧产生的游离基消失，不再与氧气发生反应，形成稳定或低活性的游离基，使燃烧停止。即使燃烧物周围有氧气存在，燃烧物也不再与氧气发生反应，因此火被熄灭。抑制灭火法和窒息灭火法相似，相当于去除了燃烧反应中的氧气，使火熄灭。

多数干粉灭火器就是采用抑制灭火法扑灭火灾的。

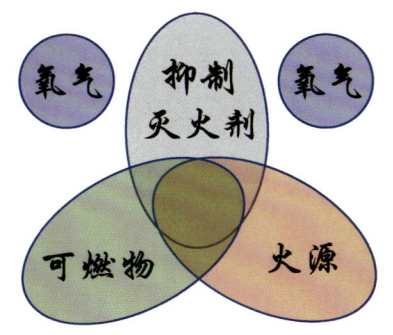

火灾预防措施

根据着火原理,去掉着火3个条件中的一个或两个条件,就可以防止火灾的发生。

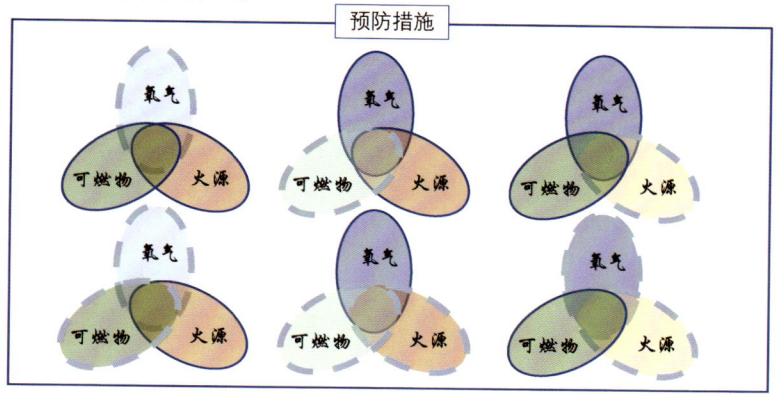

在现实中,着火3个条件中的有些条件很难去掉,尤其是氧气,因此,常见的火灾预防措施有以下两种。

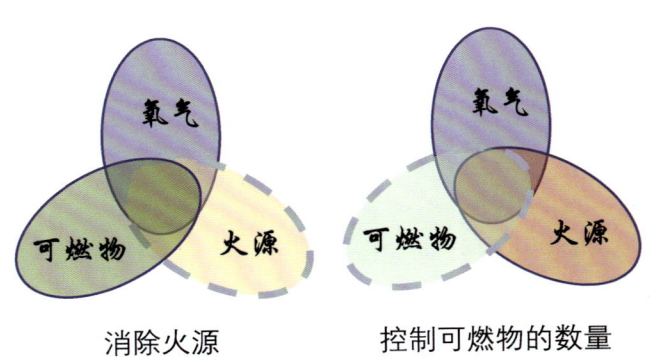

消除火源　　　　控制可燃物的数量

 ## 消除火源

在可燃气体和氧气同时存在的场所要严格消除火源,防止着火3个条件同时存在,可有效地防止火灾的发生。由于氧气几乎无处不在,在具有可燃物的场所去掉氧气是不可能实现的,因此,消除火源是最常用的预防火灾发生的手段。

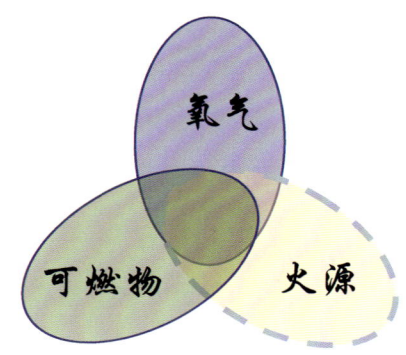

消除火源的手段

1. 工作场所严禁吸烟和使用明火。
2. 禁止穿能产生火花的服装。
3. 禁止使用能产生火花的工具。
4. 使用防爆电气设备。
5. 禁止未安装阻火器的车辆进入工作场所。
6. 使用明火时要办理动火审批手续。
7. 不在室内给电动自行车电池充电。

 ## 控制可燃物的数量

在无法彻底消除火源和氧气的场所一定要去掉可燃物，或控制可燃物的数量，以免发生火灾。

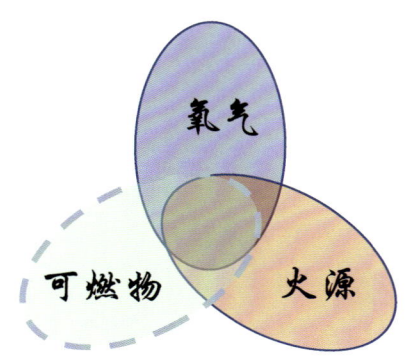

控制可燃物数量的措施

1. 存在易燃气体的场所要加强通风。
2. 动用明火的工作场所要移走附近可燃物。
3. 化工车间、易燃粉尘车间要进行强制通风。
4. 进入有限空间前必须进行充分换气。
5. 杜绝生产系统渗漏故障。
6. 及时清除可自发热或可自燃的物品,防止温度升高造成火灾。
7. 物品堆垛之间要留有足够的隔离空间。
8. 数量较多的危险化学品要分开存放。

火灾分类

火灾分类有助于人们正确选择灭火剂和灭火器材进行灭火，尽快把火灾扑灭，以免造成更大的损失。

灭火器上通常标有可扑灭火灾的类型，以便人们快速找到正确的灭火器进行灭火。

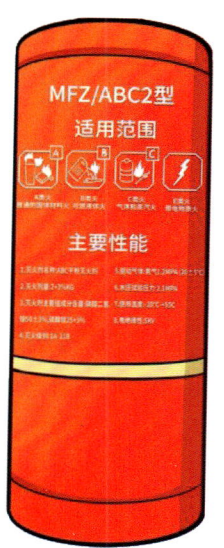

为了便于消防工作的开展，依照国家标准，将火灾分为以下6类。

A 类火灾是指固体物质火灾。

B 类火灾是指液体或可熔化的固体物质火灾。

C 类火灾是指气体火灾。

D 类火灾是指金属火灾。

E 类火灾是指带电火灾。

F 类火灾是指烹饪器具内的烹饪物（如动植物油脂）火灾。

使用灭火器

灭火器使用步骤主要是6个字：选、看、提、拔、瞄、压。

选：选择与火灾类型相匹配的灭火器。

看：查看灭火剂是否过期，看压力表指针是否处于绿色区域。

提：提起灭火器，使用前上下晃动灭火器，使灭火剂松动。

拔：拔下安全销，为灭火做好准备。

瞄：将喷嘴瞄准火苗根部。

压：压下手柄，对准着火物质，直至火灾被完全扑灭。

报火警方法

拨打"119"火警电话时要注意以下事项:

讲清着火场所所在区县、街道、门牌号。

说清点火源和火势大小,以便消防救援部门出动相应的消防车辆。

说清报警人姓名和电话号码。

听清消防值班人员的询问,准确、简洁地予以回答,待对方说明可以挂断电话时,方可挂断电话。

报警后要到路口等候消防车,带领消防车去往火场。

此外,拨打火警电话是免费的,消防救援部门灭火是免费的。

很多场所配备了按压式报警器，当发现现场着火后，可打开或击碎罩板，按下按钮，报警系统会被触发，自动地向消防救援部门发出报警信号。

按压式报警器

思考

你所在的工作场所是否配备了适用、充足的消防器材？

你是否会正确使用消防器材？

工作场所是用电设备集中的地方，照明设备、计算机、打印机、机床、起重设备、焊接设备等绝大多数都需要用电。电给我们的工作、生活带来方便的同时，不正确用电或者电力系统出现故障，也会给人们带来危险。用电危险主要来自电气火灾和触电事故两个方面。

电气火灾

有些电气设备正常使用的时候会发热,有的电气设备发生故障的时候会发热,输电线路老化、短路时会发热,电力负荷过大时输电线路会发热,蓄电池等储能设备发生故障会着火,由此发生的火灾称为电气火灾。

 常见的电气火灾

电热器会使周围的易燃物体升温,导致着火。

电水壶里的水烧干后会升温着火。

电机线圈发生故障会迅速升温着火。

电线老化、绝缘破损会导致火花产生,可致周围易燃物着火。

电力负荷过大,导线容量不够时,容易发生导线过热着火。

蓄电池充电不当或使用不当会发生燃烧。

触电事故

人们每天都会与不同的电气设备打交道,人体不慎接触带电体,电流会通过人体造成触电事故,轻则发生电击事故,重则造成人身伤亡。

 **常见的触电事故**

下列错误行为会导致触电事故:

插、拔充电器时手指触碰到插头带电部位。

手碰到绝缘破损的带电导线。

身体接触到意外带电的金属设备。

检修设备时意外送电。

绝缘鞋或绝缘手套失效,导致意外触电。

安全用电

在不知电气设备是否带电的情况下，按有电对待。

检修时在电气开关处悬挂"检修中，切勿送电"警示标志牌，并派人监护电气开关。

使用电热器时周围切勿放置易燃物品。

发现绝缘破损的导线要及时上报并组织维修。

如果输电线路或电器发生故障，需请专业人员维修，千万不要自己动手维修。

一条线路上不要接入过多电器，以防输电容量不足引发事故。

经常维护电气设备，不要带故障使用。

不要在室内给动力电池充电。

使用插头时，不要接触金属部分。

定时更换电气绝缘产品，确保绝缘有效。

思考

你所在的工作场所是否有电气事故安全隐患?

你是否会正确使用电气设备,确保不发生电气事故?

机械作业安全

现代工业企业都有很多机械加工设备,例如,机床、运输设备、起重设备、粉碎设备、搅拌设备等,这些设备都有旋转或直线运动部件,如果作业人员操作错误或设备出现故障,都有可能引发人员伤亡事故。因此,操作机械设备时一定要遵守操作规程,谨慎操作。

机械设备导致伤害的种类

绞伤：设备外露的、转动的轮子、丝杠等直接将人员穿戴的衣裤、手套及长发绞入机器内，造成伤害。

物体打击：旋转的机器零部件、装夹不牢的工件意外飞出造成伤害。

压伤：冲床、压力机、剪床挤压到手臂等导致伤害。

砸伤：高处的零部件、吊运过程中的物体掉落造成伤害。

挤伤：运动的机器或物体将人体挤住造成伤害。

烫伤：人体接触到高温物体（如铁屑、焊渣、铸件等）造成伤害。

刺割伤：锋利、尖锐的物体刺割到人体造成伤害。

避免机械伤害的注意事项

在有运动部件的机械设备旁作业不要戴手套,用工作帽将长发罩住,不穿过于宽松的服装,不穿拖鞋,设备绞住衣物、意外摔倒都会造成伤害。

不是自己管理的设备不要擅自开动,以免误操作造成事故。

确保加工的工件装夹牢固再启动机器,以免高速运转的工件飞出伤人。

机器安全防护罩损坏应及时更换,不可去除安全防护罩运转机器。

经常对机器进行维护保养,确保设备在运行中不出现故障。

检修设备时要在启动手柄或开关上加锁,或悬挂"正在检修,禁止启动"警示标志牌,并由专人看护,以防他人在不知情的情况下意外启动机器造成事故。

有限空间作业安全

在进入有限空间作业时,由于存在特殊的危险性,稍有不慎会造成重大人身伤亡事故,因此,涉及有限空间作业时,一定不要大意,要按照操作规程执行。

识别有限空间

有限空间一般为封闭或者部分封闭结构,与外界相对隔离,出入口较为狭窄,空气流通不畅,易造成有毒有害、易燃易爆物质积聚或者氧含量不足,因此作业人员不能长时间在内工作。例如,进入罐、管道、下水道、电缆井、窖、仓库、船舱等空间作业,属于有限空间作业。

有限空间的危险主要是因为其相对封闭,空气流通不畅,与外界气体交换不充分,容易形成对人体有害的局部环境,会对人身造成伤害。另外,有限空间出入口狭小,进入人员一旦发生危险,救援比较困难,从而引发严重事故。

有限空间作业常见的危险

窒息：有限空间存放的物品发生生物化学反应会产生有毒有害气体，导致空气中的氧气浓度不足，容易影响进入人员的正常呼吸，十分危险。

中毒：有些毒气比空气重，容易在有限空间内部积聚，会导致进入人员中毒。

易燃易爆：若有限空间存在易燃易爆气体，作业时遇到火花或者明火，会发生严重的燃烧、爆炸事故。

其他危害：其他威胁生命或健康的环境条件，如坠落、溺水、物体打击、电击等。

有限空间作业注意事项

进入有限空间作业前一定要向上级部门申请，经上级部门同意后，按照审批手续规定的时间、流程，在监护人员的监护下进行作业，千万不可擅自进入有限空间作业。

一定要对有限空间内的空气进行监测，监测的项目有氧气浓度、有毒气体、易燃易爆气体，只要有一项不合格，就不能进入其中作业。

一定要有监护人员在外全程监护，一旦发生事故，须立刻采取措施进行救援。

在有限空间内作业一定要使用安全电压，电源电压不超过12伏。

要根据工作场所情况佩戴相应的劳动防护用品，如安全帽、呼吸器、绝缘手套等。

工作场所有时需要进行高处作业，普通员工只能从事从作业处至地面垂直下落距离不超过2米的作业，超过2米时称为高处作业，只能由持有高处作业操作证的人员来完成。

高处作业时有坠落的危险，因此，一定要小心谨慎，确保安全。

高处作业的危险

高处作业的危险主要有两种：一种是高处作业人员意外从高处坠落，导致摔伤；另一种是物体打击，从高处坠落的工具、物料等物品砸伤下方的人员。

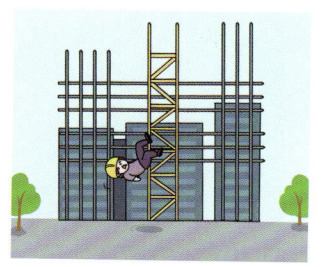

避免高处作业危险的措施

患有高血压、心脏病、贫血、癫痫等疾病的人员不能从事高处作业。

高处作业时要使用安全带将作业人员限制在一定的范围内,不小心坠落时,安全带可以防止作业人员坠落受伤。

使用梯子进行高处作业时,必须有监护人员扶稳梯子,以免坠落受伤。

监护人员必须佩戴安全帽。

遇有大风、雨、雪天气,禁止高处作业。

高处作业时,注意不要触碰周围的电线,以免触电。

　　工作环境对于安全生产、员工身体健康具有十分重要的意义，员工要注意保持整洁，不破坏和污染环境，营造一种安全、健康的工作环境，提高生产生活品质。

安全通道

车间或通道等情况复杂的场所，常常会设置安全通道标志或将通道地面漆成绿色，并用线条画出通道范围，提醒人们行走时尽量走安全通道，远离危险区域，避免不可预知的危险情况发生。被漆成红色或黄色的区域，或被红色线条或黄色线条圈出的区域，通常是比较危险的区域，无关人员尽量不要进入或在区域内停留，以免发生危险。

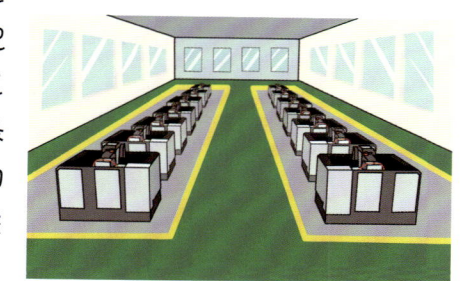

环境光线

工作场所要求有合适的光线，太亮或太暗的光线以及光的颜色不合适，会引起作业人员疲劳甚至误操作，造成产品质量缺陷，严重时会发生生产安全事故。作业人员如果发现工作场所光源损坏或光线不合适，要尽快向负责人反映，请有关人员及时处理。

环境温度

工作场所要有适宜的温度。过低的温度会使人体热量快速流失,低温还会导致手脚僵硬、不灵活,容易造成误操作,进而引发事故。过高的温度会使人中暑,引发危险。如果环境温度不方便调节,要使用合适的劳动防护用品加以保护。

调节环境温度时,除了要满足体感舒适的需要外,还要注意节约能源,避免浪费。

环境空气

环境空气质量对于维持作业人员身体健康十分重要。空气中的氧含量不足会使人窒息，有毒气体会使人中毒，工业性粉尘含量高的空气会引发尘肺病，空气中易燃易爆气体超标会引发火灾、爆炸事故等。特殊作业环境要经常对环境空气进行监测，不合格时要采取措施进行处理，以免造成事故，损害作业人员的健康。

环境噪声

长期处于噪声超标的环境里,不但会使作业人员听力下降,还会引发噪声聋。如果环境噪声无法避免,要使用耳塞、耳罩等劳动防护用品加以保护,不可大意。

特殊环境安全

腐蚀性及毒性环境。进入腐蚀性及毒性环境要穿戴化学防护类劳动防护用品,离开后要尽快洗澡、换衣服,保持防护服装卫生。在此类环境中不要进食和饮水。

无尘环境。进入无尘环境前,要做除尘处理,更换无尘服装。

防静电环境。进入防静电环境要穿戴防静电类劳动防护用品。

放射性环境。进入放射性环境要穿戴防辐射服装,离开后要尽快洗澡、换衣服,保持防护服装卫生。在此类环境中不要进食和饮水。

工作场所环境保护

工作场所不放置过多与工作无关的物品，一是占用空间，影响有用物品的放置；二是可能会给工作带来意想不到的危险，如不小心绊倒人员、物品掉落砸到脚等。精密仪器要放置在安全的场所，以免不小心损坏。

保持工作场所整洁，把常用和不常用的物品分开放置，常用的物品要放在易于取用的固定位置，节省寻找的时间。

废弃物要及时处理，会造成环境污染的废弃物，尤其是沾有生物污染物、化学污染物的废弃物，要按要求放置和处理，不能乱丢。沾有油污的抹布要及时放到指定位置，以免时间一长自燃着火。

液体废弃物要按要求送到指定的地方处理，不能随便排入下水道，以防污染水体。易燃易爆液体遇到火源还会造成燃烧爆炸事故。

思考

你所在的工作场所的环境是否合格?

进行危险作业,你会正确保护自己吗?

仓库是一个生产经营单位最重要的部门之一,各种原材料、成品大都需要储存在仓库中,一旦发生事故,损失较大,还可能造成人员伤亡。因此,仓储管理是一项十分重要的工作,仓库管理人员要认真对待。

防止物品丢失

仓库管理人员最主要的职责是保证仓库中物品数量与所记录账目相一致，不能使物品丢失，这就要求入库时、出库时精确清点物品数目，并及时记账。对于特殊物品，如贵重物品、具有爆炸性及毒性的危险化学品等，除了要统计出入库数量外，还要检查物品出入库审批手续是否齐全。

分类存放

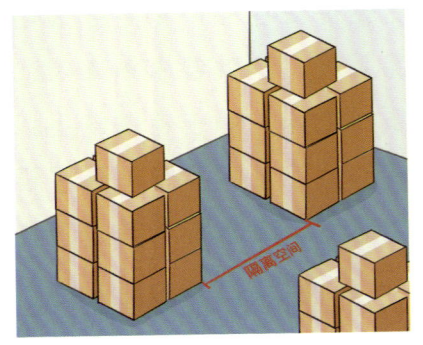

有些物品之间会发生化学反应,这些物品不能存放在一个仓库中,要分库存放,且库与库之间的距离要足够大,以免物品意外泄漏或挥发出来的物质相混发生反应,造成重大财产损失或人身伤亡事故。

储存数量要求

要对仓库中货物的储存量进行限制,过多的货物会导致寻找货物困难,还可能引发事故。首先,堆垛过高会压坏货物,还能致使货物倒塌伤人。其次,过多的货物本身就存在安全隐患,一旦着火,扑灭困难,损失巨大,尤其是具有易燃易爆性质的物品,如汽油、氧气瓶等。

仓库防火

仓库最大的危险是火灾,一旦发生,会造成重大财产损失和人员伤亡。仓库防火要做好以下工作:

保持消防通道畅通,一旦发生火灾,消防人员可以尽快赶来灭火。

货物堆垛之间要设置防火间距,以防一垛物品着火引燃相邻的货物。

仓库尽量使用防爆电器,电线老化要及时报修。

仓库要杜绝一切火源,如吸烟、明火作业等。如必须进行明火作业,需要报上级批准,并做好防火工作。

仓库要配备足够数量的灭火器。

仓库要注意通风,以免物品挥发出来的气体有毒。具有易燃易爆性质的气体,还可能导致火灾和爆炸。

仓库防水

仓库漏雨要及时维修,以免雨水损坏货物,造成损失。

仓库还要注意防洪,防止洪水冲走物品,造成仓库损坏,从而引发危险。雨季时要备足防洪物品,配备值班人员,一旦有危险发生要迅速行动,采取必要的措施予以应对。

作者寄语

通过对本书的学习，您已经掌握了工作场所安全的相关知识，成为一名具有较高安全生产素质的人。今后在工作中，一定要严格遵守生产经营单位的规章制度，确保安全生产，让自己安心，让单位负责人省心，让关心你的人放心。工作中遇到有人违章，要给他指出来，帮助他提高安全生产意识；发现工作场所有安全隐患，要及时报告给相关负责人，以便尽快整改。只要人人都能够重视安全，不违章、不大意，安全就一定在你我身边。